FORSCHUNGSBERICHTE DES LANDES NORDRHEIN-WESTFALEN

Nr. 1985

Herausgegeben im Auftrage des Ministerpräsidenten Heinz Kühn
von Staatssekretär Professor Dr. h. c. Dr. E. h. Leo Brandt

Dr.-Ing. Erich Schäle

Versuchsanstalt für Binnenschiffbau e. V., Duisburg
Institut an der Rhein.-Westf. Techn. Hochschule Aachen
Direktor: Professor Dr.-Ing. Herbert Schneekluth

Gegenüberstellung von Propulsions- und Manövrierversuchen in Modell- und Großausführung mit dem Forschungsschiff »Fritz Horn«

102. Mitteilung der VBD

WESTDEUTSCHER VERLAG · KÖLN UND OPLADEN 1968

ISBN 978-3-663-06322-3 ISBN 978-3-663-07235-5 (eBook)
DOI 10.1007/978-3-663-07235-5

Verlags-Nr. 011985

Gesamtherstellung: Westdeutscher Verlag

Inhalt

Einleitung

Die strengste Prüfung für die Zuverlässigkeit der Modellversuche und der Umrechnung ihrer Meßergebnisse auf die Großausführung sind eingehende Messungen an der Großausführung. Die Umrechnung ist insbesondere bei Flußschiffen bedeutend erschwert, da der einzelne Modellversuch auf der ganzen Meßstrecke unter konstanten Fahrwasser-Bedingungen erfolgt, während bei der Großausführung mit meist stark wechselnden Fahrwasser-Verhältnissen gerechnet werden muß. Da die üblichen Abnahmebedingungen die Gewährleistung von Durchschnittsgeschwindigkeiten auf einer bestimmten Fahrwasserstrecke vorschreiben, ist es also erforderlich, die Modellversuchsbedingungen entsprechend einem Mittelwert der Probefahrtsstrecke festzulegen. Wenn auch unter normalen Bedingungen die Treffsicherheit einer Modellversuchsauswertung eine meist ausreichende Genauigkeit erreicht hat, ist es doch durchaus möglich, daß gewisse Einzel-Faktoren, die sich normalerweise gegenseitig aufheben, in anderen Fällen verschiedene Größenordnungen erreichen und dann die Treffsicherheit der Voraussage beeinträchtigen.

Exakte Versuche mit naturgroßen Schiffen sind stets sehr zeitaufwendig – also auch kostspielig. Infolgedessen soll der Anfang solcher, sich über mehrere Jahre erstreckender Vergleichsversuche, zunächst mit dem dafür vorgesehenen Forschungs- und Versuchsschiff »Fritz Horn« gemacht werden. Später werden Vergleichsprüfungen auch mit Güter- und Fahrgastschiffen folgen.

1. Schiffsmodellversuche und deren Auswertung

Über das Versuchswesen mit Schiffsmodellen – insbesondere jedoch über ihre Bewertung und Genauigkeit, gibt die Fachliteratur in zahlreichen Experimentalberichten und theoretischen Arbeiten Auskunft. Hier sei im Zusammenhang mit den zu behandelnden Problemen des »Flachwasserschiffes« lediglich auf die Ausführungen Prof. Sturzels [1] und Dr. Graffs [2] in der Beschreibung der Versuchsanstalt für Binnenschiffbau, Duisburg, sowie auf zahlreiche diesbezügliche Veröffentlichungen Obering. Helms [3] hingewiesen, aus denen hervorgeht, welcher »Sonderbehandlung« die Modellversuchsergebnisse mit Binnenschiffen – also Flachwasserschiffen – unterzogen werden müssen. Es ist eben nicht nur der grundsätzliche Unterschied der Wellenlänge und der Wellenausbreitungs-Geschwindigkeit der zwischen tiefem und flachem Wasser besteht und der von Froude gesetzmäßig erkannt wurde,

$$\mathfrak{F}_1 = \frac{v}{\sqrt{g \cdot l}} \quad \text{(Froudsches Tiefwassergesetz)}$$

$$\mathfrak{F}_h = \frac{v}{\sqrt{g \cdot h}} \quad \text{(Froudsches Flachwassergesetz)}$$

sondern die über das normale Maß der Pontentialströmung hinausgehende Beeinflussung der Schiffsumströmung durch Sohle und Ufer mit deren Unregelmäßigkeiten sowie durch die Flußströmung selbst. Denn hier wechselt nicht nur ständig die Sohlenhöhe, sondern auch Korngröße und Kornbeschaffenheit. Der Einfluß wechselnder Oberflächenrauhigkeit sowohl an der Außenhaut der Schiffskörper als auch der Sohlen und der Ufer kann so groß sein, daß die üblichen Umrechnungsmittel nur Ergebnisse mit nicht mehr befriedigenden Fehlertoleranzen liefern. Dabei ist es völlig gleichgültig, ob diese auf die Reynoldsche Zahl zu beziehende Umrechnung des Reibungswiderstandes nach der Methode von FROUDE, SCHOENHERR oder ITTC erfolgte.

Auch bei Modell-Propulsionsversuchen macht sich die Reibung unangenehm bemerkbar. Sie tritt am Propeller als nicht direkt meßbare Kraft in Erscheinung, die je nach Durchmesser und Drehzahl zur Überbewertung der Drehmomente führt, und zwar werden die auf Reibung zurückzuführenden Leistungsanteile um so größer, je kleiner der Propellerdurchmesser ausfällt. Die letzte experimentelle Untersuchung auf diesem Gebiet wurde von der Versuchsanstalt, Duisburg, selbst ausgeführt [4] und zeigt, daß die Leistungsüberbewertung bis zu 15% betragen kann. Man bezeichnet diese Eigenart des Propellers mit »Propellermaßstabseffekt« und berücksichtigt ihn durch eine Rechenkonstante, die sich nach obengenannter Anweisung bestimmen läßt.

Gleiche Maßstabseinflüsse sind an Rudern, Wellenblöcken und sonstigen Anhängen zu erkennen.

Ein dritter, bei niedrigen Binnengüterschiffen nicht sehr wesentlicher, bei hochgebauten Fahrgastschiffen jedoch ins Gewicht fallender Korrekturwert ist für den Wind in Ansatz zu bringen, und zwar sowohl der natürliche Wind mit unbestimmter Richtung als auch der Fahrtwind.

Der vielseitige Reibungseinfluß insbesondere im Zusammenhang mit der wechselnden Fahrwassertiefe und in gewissem Maße auch der Windeinfluß sind Fehlerquellen, die bei der Umrechnung von Modellversuchsergebnissen auf das große Schiff qualitativ und quantitativ untersucht werden müssen mit dem Ziel, zuverlässige Korrekturwerte zu finden.

Eine Reihe dieser Fragen können nach und nach mit Hilfe des Forschungsschiffes »Fritz Horn« der Klärung nähergebracht werden. Der Schwerpunkt liegt zunächst bei der Sammlung von Versuchsergebnissen, die unter größtmöglicher Genauigkeit gewonnen werden müssen. Überprüft werden soll vor allem die Bemessung der Maßstabeffekte der Rauhigkeits- und Windzuschläge der Ruderkräfte und die Bestimmung der äquivalenten Wassertiefe.

Die genaue Beschreibung des als Versuchsobjekt dienenden Forschungsschiffes »Fritz Horn« einschließlich einer Aufzählung der installierten Meßanlagen und Meßgeräte ist im Forschungsbericht 1244 des Landes Nordrhein-Westfalen enthalten [5]. Eine kurze Übersicht mit Aufgabenstellung kann auch der 64. Mitteilung der VBD [6] entnommen werden.

Die Anlagen 1–3 des hier vorliegenden Berichtes enthalten zur weiteren Orientierung den Linienriß, den Spantenriß sowie die Propellerzeichnung.

Um die in diesem einleitenden Abschnitt beschriebenen Korrekturprobleme auch bildlich zu zeigen, wurden in Anlage 4 vorab die nach SCHOENHERR ermittelten Werte für Rauhigkeits- und Windzuschlag sowie der Propellermaßstabseffekt aufgetragen. Der Berechnung wurden die Versuchsergebnisse auf H_w 5,0 m zugrunde gelegt und zu einer Gesamtkorrekturkurve zusammengefaßt. Nähere Erläuterungen darüber werden in den sich anschließenden Abschnitten vorgenommen.

2. Propulsionsversuche

Das Versuchsprogramm sah vor, mit Modell- und Großausführung Propulsionsversuche auf 4 Wassertiefen in 1-m-Staffelung auszuführen, beginnend mit 2,0 m – endend mit 5,0 m.

Da die Großausführung durch MS »Fritz Horn« vorhanden war, mußten sowohl der Modellkörper als auch der Propeller und die Anhänge maßstabgerecht und formgleich hergestellt werden. Der Maßstab wurde in Anlehnung an die maximale Tanktiefe auf 1:5 ausgelegt.

Da zwischen den Konstruktionslinien und den wirklichen Baulinien stets Abweichungen vorkommen, wurde das Schiff aufgeslipt und 5 Unterwasserlinien nach 2 Methoden möglichst genau vermessen. Hierbei zeigten sich Abweichungen von durchschnittlich 3–6 mm, in einem Fall sogar um 24 mm. Der Modellinienriß wurde nach diesen Aufmaßen ausgestrakt und das Modell selbst in glasfaserverstärktem Polyester der Großausführung entsprechend hergestellt. Durch besondere Fertigungsmethoden gelang es, den Aushärtungsschwund unter 0,25 mm zu halten.

Das maßstabgerechte Kopieren des Modellpropellers gelang der Versuchsanstalt für Wasser- und Schiffbau, Berlin. Dort war es möglich, den naturgroßen Propeller gerade noch auf die Propeller-Kopierfräsmaschine zu spannen und Flügel nach Flügel – getreu der Großausführung – auszufräsen. Ruder, Stevenrohr und Wellenblöcke wurden nach Zeichnung gefertigt.

Zum Eintrimmen der Großausführung standen 20 Stück 25 kg schwere Bleigewichte zur Verfügung, die ein Jahr zuvor bei der Werftabnahme als »Krängungsgewichte« gegossen worden waren.

Vor dem Versuch bekam das Schiff einen neuen Unterwasseranstrich und die Einspritzpumpen des Antriebsmotors eine Feingewindespindel zur besseren Drehzahlregelung. Die Drehzahl selbst wurde mittels Digitalzähler und 100poligem Induktionsrad auf $1^0/_{00}$ genau gemessen. Ansonsten wurden die in [5] beschriebenen Meßanlagen und die bei Modellversuchen üblichen Meßgeräte verwendet. Die Nacheichung der Drehmoment- und Schubmesser erfolgte täglich. In den Abschnitten 2.1–2.5 sind die Einzelversuche kurz beschrieben und in den Anlagen 5–12 in Diagrammform dargestellt.

2.1 Ergebnisse der Widerstands- und Propulsionsversuche mit der Modellausführung auf stehendem Wasser

Die Widerstands- und Propulsionsversuche wurden nach der in der Versuchstechnik üblichen Methode ausgeführt. Zur Erzeugung der Grenzschicht diente ein 20 mm breiter Sandstreifen aus Korngrößen von 1,3 mm auf Spant 9. Zwischen Spant 10 und 9 ist Turbulenz durch den Wirbel an kantigen Steven infolge nur geringfügigen Verdrängungszuwachses gesichert. Damit ist also die gesamte benetzte Modelloberfläche von einer turbulenten Grenzschicht umgeben, so daß Laminareinflüsse weitgehend entfallen. Die niedrigste Reynoldsche Zahl, entsprechend $v_S = 10$ km/h der Großausführung, liegt bei $5 \cdot 10^6$. Der Tankbreiteneinfluß macht sich im kritischen Bereich bemerkbar. Hier beträgt das Breitenverhältnis 9,8:0,7 nur 14 gegenüber einem anzustrebenden Wert von 20 (nach Helm). Die von ca. 0,8 v_{kritisch} an im Protokoll und Diagramm eingetragenen Werte wurden aus durchschnittlich drei Versuchsfahrten ermittelt.

Die Diagramme Nr. 5, Nr. 6 und Nr. 7 sind mit diesen Werten entwickelt und enthalten die Komponenten:

W_{tot}	=	Gesamtwiderstand	[kg]
N_0	=	Schleppleistung	[EPS]
N_w	=	Wellenleistung	[WPS]
n_p	=	Propellerdrehzahl	[U/min]
S_p	=	Propellerschub	[kg]
η_{ges}	=	Propellerwirkungsgrad	[–]
–	=	Trimm	[Grad]
–	=	Absenkung	[cm]

2.2 Propulsionsversuche mit der Modellausführung in strömendem Wasser

Die Versuche in strömendem Wasser konnten auf Grund der technischen Gegebenheiten, vor allem des Maßstabs wegen, nur auf 2,0 und 3,0 m korrespondierender Wassertiefe ausgeführt werden. Die dazugehörigen Bezugswerte sind:

H'_w	H_w	v'_{Str}	v_{Str}	I
400 mm	2,0 m	0,584 m/s	4,7 km/h	0,2
600 mm	3,0 m	0,622 m/s	5,0 km/h	0,2

H'_w = Wassertiefe im Tank
H_w = Wassertiefe in der Natur
v'_{Str} = Strömungsgeschwindigkeit im Tank
v_{Str} = Strömungsgeschwindigkeit in der Natur
I = Gefälle in $^0/_{00}$ [m/km]

Die Meßergebnisse sind in Anlage 8 enthalten. Die Stromgeschwindigkeitswerte wurden addiert bzw. subtrahiert, so daß aus dem Vergleich »bergwärts zu talwärts« eindeutig die interessante Leistungsverschiebung zu erkennen ist; denn bei gleicher Relativgeschwindigkeit ist der Leistungsanteil bei Fahrt gegen den Strom erheblich geringer als bei Fahrt mit dem Strom. Die Geschwindigkeitsdifferenz beträgt im steilen Anstiegsbereich auf 2 m Wassertiefe absolut 1,2 km/h, auf 3 m Wassertiefe 1,5 km/h. Drehzahl, Trimm und Absenkung verhalten sich analog.

2.3 Propulsionsversuche mit der Großausführung auf stehendem Wasser

Für die exakte Durchführung dieser Versuche gibt es z. Z. keine Meßstrecke, die auf dem Wasserwege erreicht werden kann. Auf der Suche nach einem geeigneten Kompromiß bot sich der Main zwischen Mündung und Frankfurt an. Bei Mittelwasser ausgeführte Längspeilungen zeigten, daß einige brauchbare Strecken mit ca. 2, 3, 4 und 5 m Wassertiefe zu finden sind. Die auf diesen Strecken gewonnenen Meßwerte wurden über den gemittelten Wassertiefen ausgetragen und nach dem bekannten Querstrakverfahren auf abgerundete Wassertiefenwerte bezogen. Die so gewonnenen Kurven sind in Anlage 9 dargestellt.

2.4 Propulsionsversuche mit der Großausführung in strömendem Wasser

Die Versuche in strömendem Wasser wurden auf dem Niederrhein zwischen Walsum und Wesel ausgeführt. Hier waren brauchbare Meßstrecken nur für 3,5 und 7 m Wassertiefe zu finden, wobei die Meßstrecke mit 3 m Tiefe nahe eines geraden Uferabschnitts scharf begrenzt mittels Bojen bezeichnet werden mußte. Die erhaltenen Meßwerte sind nach Abzug der Stromgeschwindigkeit in Anlage 10 aufgetragen und zeigen die gleiche Tendenz wie diejenige des Modellversuchs.

2.5 Vergleich der Versuchsergebnisse

Von der Vielzahl der gewonnenen Meßergebnisse, die ihrerseits in den Anlagen 5–10 dargestellt sind, lassen sich am besten die Ergebnisse »auf stehendem Wasser« vergleichen, weil bei ihnen annähernd gleichwertige Ausgangsbedingungen herrschten. Diesen Vergleich zeigt nun die Anlage 11 besonders für die Wassertiefen 3,0; 4,0 und 5,0 m. Schon auf den ersten Blick erkennt man Übereinstimmung zwischen Modell- und Großausführung, obwohl die Modellwerte – wie anfangs schon erwähnt – noch keinerlei Korrekturen enthalten!

Bemerkenswert ist allerdings der Umschlag der Abweichungstendenz. Während die Werte von $\alpha = 1$ bei 3,0 und 4,0 m Wassertiefe stets etwas höher liegen, d. h. über der Geschwindigkeitsauftragung links von $\alpha = 5$ bleiben, überschneiden sich alle Komponenten auf 5,0 m Wassertiefe bei ca. 19 km/h. Wendet man auf dieser Wassertiefe die üblichen Korrekturfaktoren an, dann ergibt sich zwar eine geringfügige Erhöhung der Modellkurven, aber keine Änderung der Überschneidungstendenz. Da die Froudschen Tiefenzahlen $\mathfrak{F}_h$ mit 0,746 — 0,869 keine Deutungsmöglichkeit liefern, könnten die Längszahlen $\mathfrak{F}_l$ von Einfluß sein.
Hier ergeben sich folgende Werte:

v_S [km/h]	v_S [m/s]	$[\sqrt{g \cdot l}]$	$[\mathfrak{F}_l]$
17	4,72	13,5	0,35
20	5,55	13,5	0,41

Zwischen 0,35 und 0,41 liegt ein ausgesprochen steiler Anstieg der ζ_w-Werte, also der Widerstandsbeiwerte, d. h. von etwa 19 km/h an setzt der steilere Leistungsanstieg ein, schon bevor sich die Flachwasserbeziehungen – ausgedrückt in der Froudschen Tiefenzahl – bemerkbar machen. Diese Gesetzmäßigkeiten treten im Schlepptank mit seiner auf den Millimeter genauen Sohle natürlich klar in Erscheinung, während beim Großversuch einerseits gerade die tiefen Strecken sehr unregelmäßige Sohlen besaßen, andererseits aus noch tieferem Wasser angesteuert werden mußten. Ein gewisser Schwung verkürzt dann die Fahrzeiten innerhalb der Meßstrecken und führt deswegen gerade bei hohen Geschwindigkeiten zu etwas höheren Werten.

In Anlage 12 ist dieses Verhalten nochmals einzeln dargestellt. Die gestrichene Kurve läßt erkennen, wie sich der in Abschnitt 1 erläuterte »Gesamtkorrekturfaktor« auswirkt und wie wesentlich es ist, für Großversuche klar definierte Meßstrecken und Anfahrstrecken zu wählen! Im ganzen gesehen kann im Hinblick auf die Abweichungen zwischen Modell- und Großausführung die Feststellung getroffen werden: Auch auf Flachwasser gelten für den Vortrieb, in seiner Gesamtheit gesehen, die Modellgesetze einschließlich der üblichen Korrekturfaktoren, wenn der Wellenwiderstand nach Froude und der Reibungswiderstand nach ITTC umgerechnet werden, und es ist damit auch gesagt, daß die sehr verschiedenartigen Zuschläge für Anhänge, Ruder und zunehmende Außenhautrauhigkeit ebenfalls unbedenklich übernommen werden können. Hierüber sind noch eingehende Teiluntersuchungen nötig – und auch geplant! In einem sehr eng gefaßten Versuchsprogramm werden z. Z. Vergleichsversuche auf konstanter Wassertiefe mit schlepptankähnlichen Querschnittsverhältnissen ausgeführt, die bei Lieferung einer sehr dichten Punktfolge innerhalb der Komponenten noch einen genaueren, detaillierteren Einblick in das Verhalten des Schiffes zum Modell erwarten lassen.

3. Manövrierversuche*

Die Ergebnisse von Manövrierversuchen mit Modellen weichen erfahrungsgemäß gegenüber naturgroßen Untersuchungen mehr voneinander ab als es bei der Propulsion der Fall ist.
Es zeigt sich im allgemeinen, daß das Schiff gegenüber dem Modell etwas schneller auf Ruderwinkeländerungen reagiert, kleinere Drehkreise fährt und höhere Drehgeschwindigkeitswerte annimmt.
Dieses, für das Schiff günstigere Verhalten war mitbestimmend für die allgemeine Aussage aller Schiffbauversuchsanstalten, wonach die Ergebnisse von Manövrieruntersuchungen mit Modellen eine sehr große Sicherheit in sich tragen und gerade noch mögliche Modellmanöver bei der Großausführung sicher funktionieren.
Die Ursache liegt bei den am umströmten Ruder auftretenden kleinen Reynoldschen Zahlen, die ihrerseits zu geringe Profilauftriebswerte, d. h. im Endeffekt zu geringe Querkräfte entstehen lassen. Um die Manövriercharakteristik des Forschungsschiffes weitgehend zu erfassen und Grundlagen für diesbezügliche spätere Detailuntersuchungen zu schaffen, wurden Drehkreis- und Schlängelversuche mit Modell und Schiff in großer Zahl ausgeführt.

3.1 Drehkreisversuche mit der Modellausführung

Die Drehkreisversuche wurden auf 4 Wassertiefen, nämlich 2,0; 3,0; 4,0 und 5,0 m gefahren. Dabei sind die Ruderwinkel zwischen 25° und 45° (5° steigend) und die Drehzahl zwischen 250 und 750 U/min (100 U/min steigend) variiert – insgesamt also 168 Drehkreis-Versuchsfahrten ausgeführt worden. Die Tankanlage gestattet allerdings nur – aus dem 3-m-Schleppkanal anfahrend – ein Anschwenken nach Backbord und auf Grund der Abmessungen des Manövrierteichs im Zusammenhang mit der Modellgröße keine Fahrten mit Ruderlagen unter 25°. Die sogenannte »Dieudonne-Spirale«, die genauere Aussagen über die Kursstetigkeit und Drehgeschwindigkeit vermittelt, konnte nicht gefahren werden.
Die dimensionslose Auftragung der Rechenwerte D_0/L über dem Wassertiefentiefgangsverhältnis T/H_w mit den Bahngeschwindigkeiten als Parameter, die in den Anlagen 13, 14 und 15 zusammengefaßt sind, läßt den Wassertiefeneinfluß deutlich werden. Die Gegenüberstellung in Anlage 14 und 15 zeigt mit der Auffächerung der Parameter von links nach rechts – also von $H_w = \infty \rightarrow H_w = 1$ eine relativ stetige Zunahme des Drehkreisdurchmessers bzw. Durchmesserlängsverhältnisses. Das heißt, je flacher das Wasser wird, um so träger reagiert das Schiff auf wechselnde Ruderwinkel bzw. um

* Im Hauptbericht ist das Drehkreisverhalten durch zahlreiche Einzeldiagramme ausführlich dargestellt. Aus Platzgründen können hier nur wenige, zusammenfassende Schaubilder gebracht werden. Interessenten werden gebeten, sich diesbezüglich unmittelbar mit der VBD, Duisburg, Oststr. 77 in Verbindung zu setzen.

so mehr Zeit vergeht, bis ein neuer Kurs erreicht ist. Aus Anlage 14 ist die gleiche Tendenz zu ersehen, nur daß hier die Darstellungsweise etwas geändert wurde.

3.2 Drehkreisversuche mit der Großausführung

Die Drehkreisversuche mit der Großausführung fanden im Oberwasser des Ruhrorter Stauwehrs statt. Dort bietet sich eine Wasserfläche von 500 m Länge, 130 m Breite und durchschnittlich 4,0 m Wassertiefe an. Sie gestattet, Versuche dieser Art mit Ruderwinkeln zwischen 20° und 45°. Die Anlaufstrecke von ca. 400 m reicht aus, um auch den Anschwenkvorgang exakt zu reproduzieren. Die Drehkreisdurchmesser selbst wurden ebenso wie im Modellversuch durch 90°-Peilungen gemessen. Um von Bord aus das volle Durchfahren der Drehkreise zu kontrollieren, wurde wie bei den späteren Schlängelversuchen bereits der Kurskreisel mit eingesetzt.

Ebenso wie die Propulsionsversuche wurden auch die Drehkreisversuche mit allmählich steigenden Propeller-Drehzahlen gefahren. Die sich daraus ergebenden Bahngeschwindigkeiten und Drehkreisdurchmesser sind danach zu Mittelwerten zusammengefaßt worden. Für 8, 12 und 16 km/h Bahngeschwindigkeit wurde nach der Tendenz der Modellversuchsergebnisse die Wassertiefenabhängigkeit herausgestellt.

Besonders wichtig ist das Vergleichsdiagramm Anlage 15. Hier wurden die Modell- und Großversuchsergebnisse auf 4 m Wassertiefe übereinander gezeichnet. Während der rechte Bereich der Kurvenschar bis durchschnittlich 9 km/h Bahngeschwindigkeit die in der Einleitung zu diesem Abschnitt erläuterten Erfahrungen, wonach das Modell kleinere Drehkreisdurchmesser fährt als das große Schiff, bestätigt, tritt in diesem Fall von 9 km/h an aufwärts das Gegenteil in Erscheinung. Die Drehkreismesser sind alle etwas größer.

Die Erklärung dafür ist im Krängungsverhalten zu suchen. Während bei den vorangegangenen Modellversuchen auf Grund der »Versuchsroutine« des Personals ebenso wie bei den Propulsionsversuchen die notwendige Verdrängung durch Einlegen von stählernen Gewichten erreicht wurde, deren Schwerpunkt nicht wesentlich über dem Verdrängungspunkt liegt und infolgedessen bei der Drehkreisfahrt zu keiner nennenswerten Krängung führt, sieht es bei der Großausführung völlig anders aus. Nach dem Ergebnis des Krängungsversuchs bei Abnahme des Bootes, liegt der Gewichtsschwerpunkt $\overline{KG}$ 1,472 m über Basis, d. h. 0,522 m über der Schwimmwasserlinie bzw. 0,837 m über dem Verdrängungsschwerpunkt. Die während der Drehkreisfahrt wirkende Fliehkraft läßt ein Krängungsmoment entstehen, das bei dem naturgroßen Schiff zu einer Neigung bis zu 8,8° nach außen führt. Dadurch scheint sich der Querwiderstand zu verringern, und der wahre Drehkreisdurchmesser wird größer.

Diese Erkenntnis wird bei späteren Modellversuchen gerade mit Booten, Fahrgastschiffen und Schleppern in erhöhtem Maße berücksichtigt werden müssen.

Die Einzelwerte aller Drehkreisversuche sind in den drei Versuchsprotokollen am Schluß zu finden.

3.3 Schlängelversuche mit dem Modell

Eine Schlängelfahrt, deren Bahnkurve etwa einer Sinusfunktion gleicht, dient in der Versuchstechnik zur Erfassung der Wege, Kräfte, Anschwenkzeiten und Drehgeschwindigkeiten, die bei wechselnden Ruderlagen am Schiff in Erscheinung treten. Im Gegensatz zum Drehkreisversuch wechseln beim Schlängelversuch sowohl die Vorzeichen aller Meßergebnisse (Plus-Minus) als auch die Anströmrichtungen ständig, so daß eine solche Fahrt der natürlichen Bewegung eines Schiffes näher kommt.

Für den Praktiker stellt die Schlängelfahrt ein idealisiertes, periodisch aufeinanderfolgendes, wechselseitiges Ausweichmanöver dar, das seinerseits charakteristisch für den Kurs eines Schiffes im freien Verkehr auf einer Binnenwasserstraße ist.
Nun lohnt es sich, natürlich nur solche Komponenten exakt zu erfassen, die sich aus sinnvollen Ausgangswerten entwickeln. Man geht deshalb so vor, daß bei konstantem Tiefgang, konstanter Wassertiefe und gleichbleibender Propellerdrehzahl ein bestimmter Ruderwinkel für die beiderseitige »Hartlage« und ein entsprechender Stützwinkel vorgegeben wird. Durch systematische Veränderung des Ruder- und Stützwinkels erhält man eine große Zahl Meßwerte, die zu Diagrammen zusammengefaßt einen recht guten Einblick in die Manövrierfähigkeit eines Schiffes geben.
Aus Maßstabsgründen konnten die Modellschlängelversuche nur auf einer korrespondierenden Wassertiefe von 2 und 3 m, die Großversuche mußten dagegen auf 4 m ausgeführt werden.
Für den Modellschlängelversuch im Tank gibt es auf dem Schleppwagen Peileinrichtungen, mit denen der Schwerpunktsweg registriert werden kann. Alle übrigen Meßanlagen befinden sich im Modell selbst. Die Beschreibung der Geräte ist dem NRW Forschungsbericht Nr. 1072 zu entnehmen [7].
Konstante des Versuchsprogramms:

Modell	M 316
Verdrängung	216 kg
Propellerdrehzahl	1450 U/min
Ruderwinkel	10°, 20°, 30°, 40°
Kurswinkel (Stütz ∢)	10°, 16°, 22°
Wassertiefe	400 mm/600 mm

Gemessene veränderliche Komponenten:

Driftwinkel
Anschwenkzeit
Überschwingwinkel
Querversetzung
Fahrweg

Errechnete veränderliche Komponenten:

Anschwenkzeit
Versetzzeit
Versetzgeschwindigkeit
Drehgeschwindigkeit
(wenn Stützwinkel erreicht)

3.4 Schlängelversuche mit der Großausführung

Die Schlängelversuche mit der Großausführung – also dem Forschungsschiff »Fritz Horn« – fanden ebenso wie die Drehkreisversuche auf der Ruhr, oberhalb des Ruhrorter Stauwehrs statt.
Die Meß- und Registriergeräte sind die gleichen wie beim Modellversuch. Um den Schwerpunktsweg zu erhalten, war zunächst an die Nutzung des Bord-Radargerätes gedacht. Es zeigte sich jedoch, daß infolge der zu schnellen Bewegung des Schiffes, kein klares Radarbild zu erhalten war. Als Ausweichlösung wurde die Peileinrichtung des Schleppwagens zunächst probeweise auf der 6 m hohen Wehrbrücke aufgebaut.

Schon die ersten Vorversuche zeigten, daß bei Anpeilung des Schiffsmastes die Querversetzung ebensogut zu fixieren war, wie dies im Modellversuch geschieht, so daß das System für die Hauptversuche und alle später folgenden Schlängelaufgaben mit anderen Schiffen beibehalten werden konnte. Natürlich ist die Streuung der Meßwerte größer als im Tank – durch dreifache Wiederholung jeder einzelnen Fahrt. Mit den Kurswinkeln 10° und 22° konnten die Bewegungseigenschaften zu recht genauen Mittelwerten zusammengefaßt werden. Die Darstellung erfolgt in der gleichen Weise wie beim Modellversuch. Um einen angenäherten Vergleich mit den Modellwerten zu ermöglichen, wurden diese auf Großausführung umgerechnet.
Wie in der Einleitung zu diesem Manövrierabschnitt zum Ausdruck gebracht, reagiert das naturgroße Schiff stets etwas schneller als das Modell. Die Gründe hierfür sind recht verwickelt und werden z. Z. an mehreren Versuchsanstalten in der »Grundlagenforschung« behandelt. Die Tendenz der Kurven ist jedoch die gleiche. Auch im Großversuch ist die Ruderwirkung für das Manövrieren des Schiffes zwischen etwa 28° und 35° optimal. Größere Ruderwinkel verschlechtern die Manövriereigenschaften! Ausgenommen hiervon ist natürlich das in der Praxis oft nötige schnelle Wenden des Schiffes aus dem Stand heraus. Dafür muß das Ruder in maximale Hartlage gebracht werden. Die Mittelwerte der Kurven in den Anlagen 16 und 17 beziehen sich natürlich auf gleiche Propellerdrehzahlen (1450 U/min Modell $\triangleq$ 650 U/min Großausführung).

4. Zusammenfassung

Eingehende systematische Propulsionsversuche mit dem Forschungsschiff »Fritz Horn« und seinem Modell im Maßstab 1:5 geben Einblick in das Leistungsverhalten des Schiffes auf mehreren Wassertiefen und in Strömung. Durch Vergleich der Einzelwerte sind bekannte Modelleffekte genauer präzisiert und für Verdrängungsboote bzw. Fahrzeuge ähnlicher Formen in Zahlenwerten festgelegt worden. Außerdem wurden dadurch die für Großversuche notwendigen Meßanlagen auf ihre Eignung geprüft, verbessert und neue Methoden erarbeitet.
Die Erforschung und Darstellung der Manövriereigenschaften brachte ebenfalls neue Erkenntnisse. Besonders hervorzuheben ist, daß bei Modelldrehkreisversuchen, die einen wesentlichen Bestandteil des Versuchsprogramms einer Schiffbauversuchsanstalt bilden, vorher die Querstabilitäten überprüft werden und in den Modellen durch Anpassung der Schwerpunkte Berücksichtigung finden müssen.
Bei Schlängelversuchen zeigt das Verhalten des Modells scheinbar stets ungünstigere Eigenschaften. Beschleunigungskräfte folgen den Modellgesetzen nicht so korrekt wie Drehmomente, Leistungen, Drehzahlen, Geschwindigkeiten, Drücke, Strecken und Flächen. Hier muß die Grundlagenforschung tätig werden!
Bei den Modell-Drehkreisversuchen wurde der neue »Rundlauf« der VBD erprobt. Er unterstützt durch das Nachfahren die Arbeit des Meßpersonals sehr wesentlich. Für Kraft- bzw. Momentenmessungen auf Kreisbahnen ist er noch nicht geeignet. Um solche Forderungen zu erfüllen, bedarf es verbesserter Laufeigenschaften. Diese Verbesserungen wurden schon während der ersten Auswertung der Versuche vorgenommen und erlaubten im darauffolgenden Jahr auch derartige Untersuchungen.
Zum Schluß möchten wir dem Landesamt für Forschung des Landes Nordrhein-Westfalen sehr herzlich für die Bereitstellung der finanziellen Mittel und für vielseitige Unterstützungen während der Laufzeit dieser Aufträge danken.

Literaturverzeichnis

[1] Sturtzel, Graff, Die Versuchsanstalt für Binnenschiffbau, Duisburg. 1. Mitteilung der VBD. Forschungsbericht Nr. 211 des Landes NRW.

[2] Sturtzel, Schmidt-Stiebitz, Bei Flachwasserfahrten durch die Strömungsverteilung am Boden und an den Seiten stattfindende Beeinflussung des Reibungswiderstandes. 7. Mitteilung der VBD. Forschungsbericht Nr. 366 des Landes NRW.

[3] Helm, Die Zuverlässigkeit der Übertragbarkeit von Modellversuchen auf das Schiff in der Binnenschiffahrt. 286. Mitteilung der HSVA. Schiff und Hafen, Heft 7/1954, Jahrgang 6.

[4] Helm, Schäle, Versuche mit ummantelten Schraubenpropellern zur Ermittlung der Maßstab-Kennzahl. 27. Mitteilung der VBD. Forschungsbericht Nr. 815 des Landes NRW.

[5] Schäle, Dittberner, Forschungsschiff »Fritz Horn«, das schwimmende Laboratorium für schiffstechnische Großversuche der Versuchsanstalt für Binnenschiffbau, Duisburg. 54. Mitteilung der VBD. Forschungsbericht Nr. 1244 des Landes NRW.

[6] Schäle, Das Forschungsschiff »Fritz Horn« 2 Jahre im Einsatz. 64. Mitteilung der VBD. Schiff und Hafen, Heft 1/1964, Jahrgang 16.

[7] Schäle, Heuser, Untersuchung der Manövriereigenschaften von geschobenen Fahrzeugen, die einzeln oder im Verband befördert werden, unter dem Einfluß von Strömung und Fahrwasserbeschränkung. 42. Mitteilung der VBD. Forschungsbericht Nr. 1072 des Landes NRW.

Protokoll der Rechenwerte

		Drehkreisdurchmesser zu Schiffsgeschwindigkeit						Drehkreisdurchmesser zu Schiffslänge					
v_S [km/h]		6	8	10	12	14	16	6	8	10	12	14	16
Ruder ∢	H_w [m]	H_w [m]		H_w [m]		H_w [m]		H_w [m]	H_w [m]		H_w [m]	H_w [m]	
45°	2,00	40,00	41,00	43,00	46,75	50,75	58,00	2,15	2,20	2,305	2,51	2,72	3,11
45°	3,00	39,25	40,00	41,50	43,50	46,50	51,00	2,10	2,15	2,22	2,33	2,49	2,735
45°	4,00	38,50	39,00	39,75	41,00	43,00	46,75	2,06	2,09	2,13	2,20	2,305	2,51
40°	2,00	44,75	45,50	47,00	50,50	56,00	63,00	2,40	2,44	2,52	2,705	3,00	3,38
40°	3,00	44,25	44,50	35,25	47,25	51,25	57,00	2,375	2,39	2,43	2,535	2,75	3,06
40°	4,00	43,50	43,50	44,00	45,00	47,25	51,75	2,33	2,33	2,36	2,41	5,35	2,77
35°	2,00	48,00	49,25	51,50	56,00	62,00	70,00	2,58	2,64	2,76	3,00	3,33	3,755
35°	3,00	47,75	48,25	49,75	52,00	56,00	62,00	2,56	2,585	2,67	2,79	3,00	3,33
35°	4,00	47,50	47,50	48,25	49,75	52,50	56,50	2,55	2,55	2,585	2,67	2,81	3,03
30°	2,00	52,00	54,25	57,50	63,00	71,00	80,00	2,79	2,91	3,09	3,38	3,81	4,30
30°	3,00	52,00	53,25	54,75	58,00	62,75	69,50	2,79	2,855	2,94	3,11	3,57	3,73
30°	4,00	52,00	52,25	53,25	55,00	57,50	62,00	2,79	2,80	2,855	2,95	3,085	3,33
25°	2,00	60,50	63,00	67,25	73,75	62,00	92,50	3,245	3,38	3,61	3,96	4,40	4,96
25°	3,00	60,25	61,25	63,00	66,00	71,50	79,50	3,23	3,29	3,38	3,54	3,84	4,265
25°	4,00	60,00	60,00	60,50	61,00	65,25	70,75	3,22	3,22	3,245	3,27	3,50	3,80

Protokoll der Drehkreis-Großversuche mit MS »Fritz Horn« auf $h = 4{,}0$ m *mit* Tg $= 0{,}95$ m

n_p [Upm]	Ruderwinkel [°]	Anschwenkzeit [s]	Zeit für Vollkreis [s]	Drehkreisdurchm. [m]	Drehkreisumfang [m]	Umfangsgeschw. [m/s]	Umfangsgeschw. [km/h]	max. Kräng.-Wi. [°]
290	20	16	88,0	68,5	215,2	2,446	8,80	4,0
290	25	13	92,7	57,6	181,0	1,953	7,03	4,8
290	30	11	85,4	50,2	157,7	1,847	6,65	4,8
286	35	12	75,0	44,2	138,5	1,847	6,65	4,8
286	40	15	71,0	33,1	104,0	1,464	5,27	4,8
284	45	10	71,0	27,9	87,7	1,236	4,45	4,8
381	20	10	73,0	70,2	220,1	3,015	10,86	4,8
380	25	12	66,3	62,6	196,6	2,965	10,67	5,2
379	30	11	64,0	55,0	178,5	2,789	10,04	5,2
377	35	10	60,0	46,7	146,8	2,445	8,80	5,6
375	40	8	57,0	41,2	129,4	2,270	8,17	5,6
374	45	12	56,0	34,0	107,8	1,926	6,93	5,6
478	20	20	62,0	72,4	227,5	3,669	13,21	5,6
475	25	12	57,8	65,1	204,5	3,550	12,78	6,0
474	30	9	53,2	56,0	175,9	3,310	11,82	6,4
473	35	10	50,0	49,5	155,5	3,110	11,19	6,8
479	40	10	49,0	45,0	141,4	2,884	10,38	6,8
473	45	11	47,0	38,3	120,4	2,562	9,22	7,2

Protokoll der Drehkreis-Großversuche mit MS »Fritz Horn« auf h = 4,0 m mit Tg = 0,95 m

n_p [Upm]	Ruder-winkel [°]	An-schwenk-zeit [s]	Zeit für Voll-kreis [s]	Dreh-kreis-durchm. [m]	Dreh-kreis-umfang [m]	Umfangs-geschw. [m/s]	Umfangs-geschw. [km/h]	max. Kräng.-Wi. [°]
568	20	13	58,2	77,4	243,1	4,180	15,04	5,6
566	25	11	53,0	69,5	218,3	4,119	14,83	6,0
568	30	8	48,0	58,6	184,0	3,835	13,80	6,8
566	35	13	45,0	50,2	157,6	3,500	12,60	7,2
565	40	7	45,9	45,9	144,2	3,142	11,32	7,2
564	45	9	43,0	38,9	122,2	2,841	10,23	8,0
671	20	16	57,7	88,0	276,5	4,790	17,25	5,2
664	25	11	52,0	73,4	232,0	4,460	16,06	5,6
662	30	15	46,0	63,5	199,5	4,337	15,62	6,8
660	35	10	43,0	50,9	160,0	3,722	13,40	8,0
661	40	12	42,2	47,7	149,9	3,559	12,82	8,8
660	45	12	41,0	41,1	129,2	3,152	11,35	8,8

Abbildungen

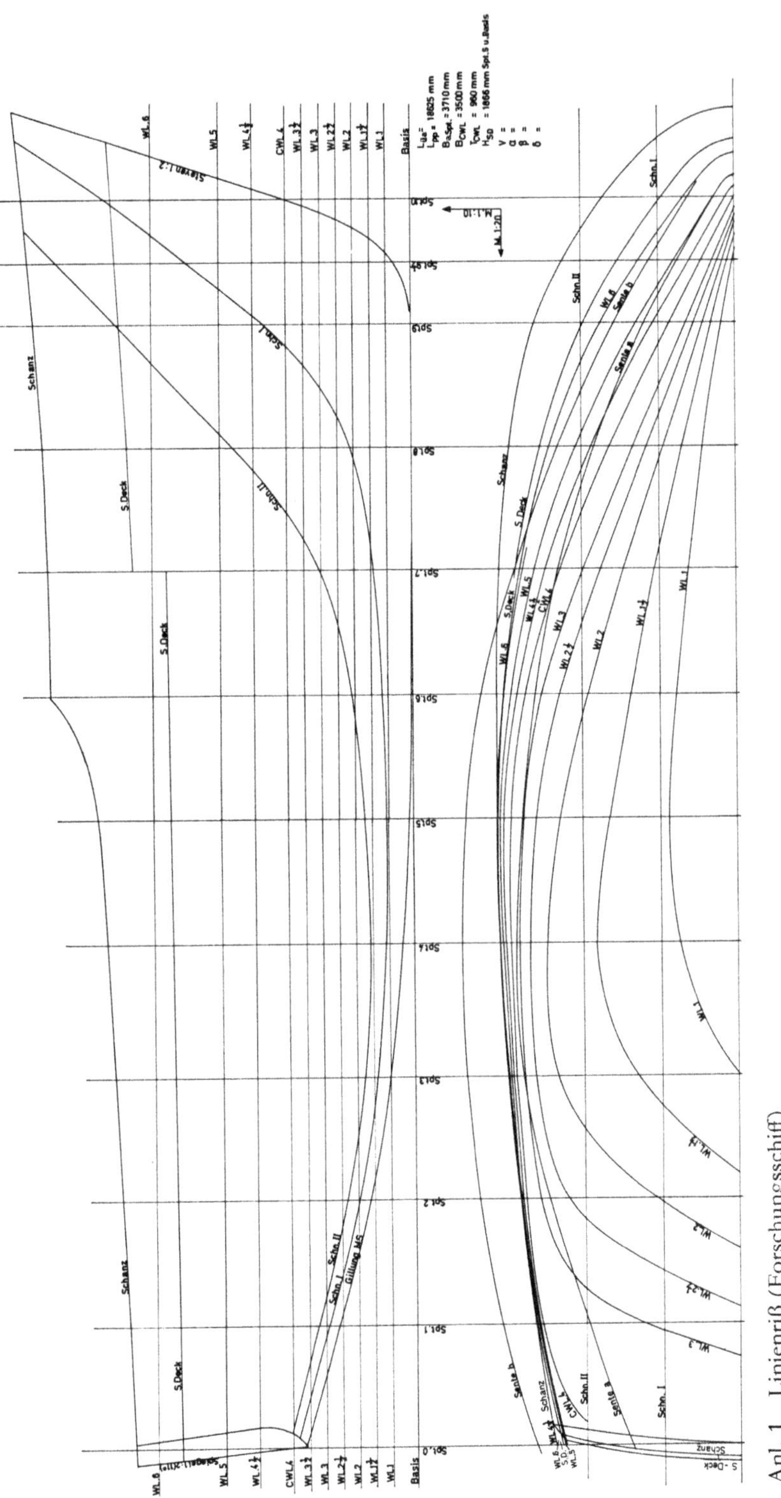

Anl. 1 Linienriß (Forschungsschiff)

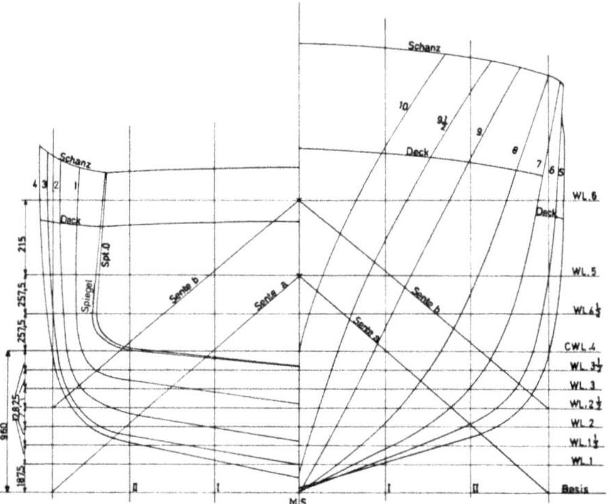

Anl. 2 Spantenriß (Forschungsschiff)

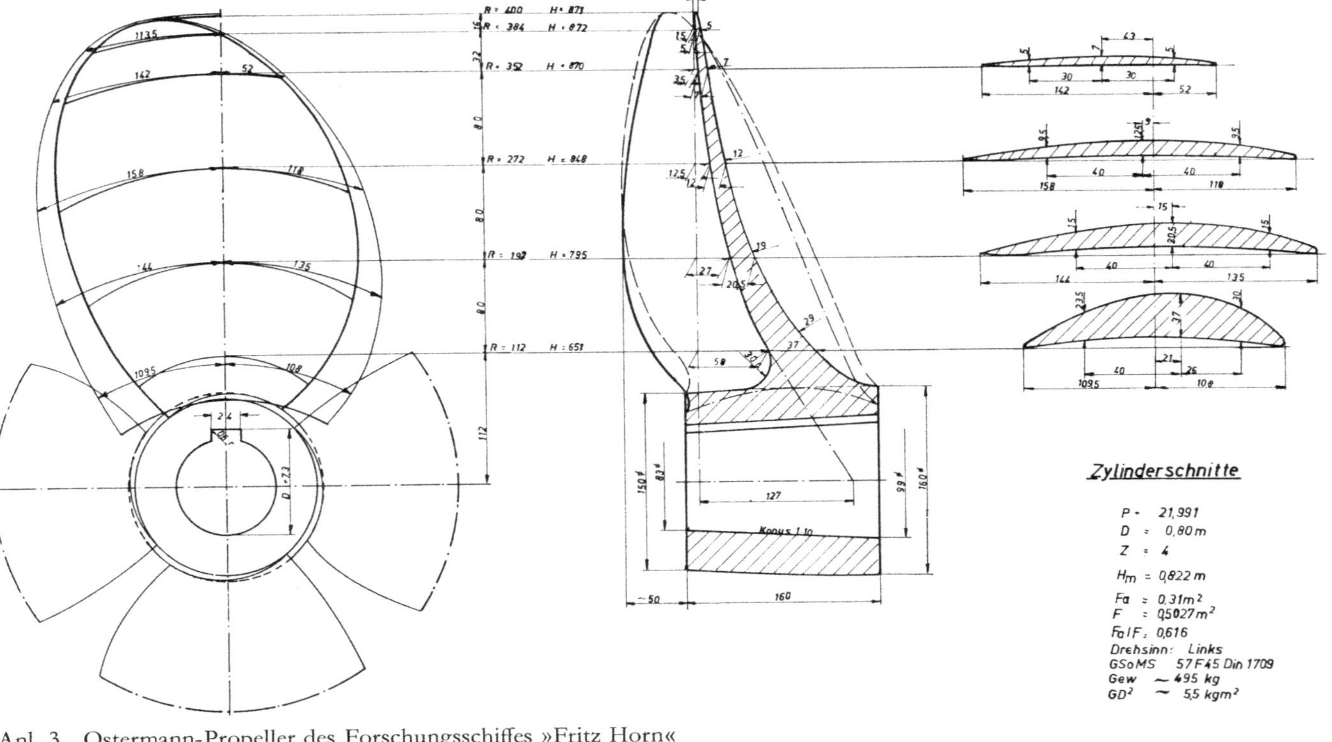

Anl. 3 Ostermann-Propeller des Forschungsschiffes »Fritz Horn«

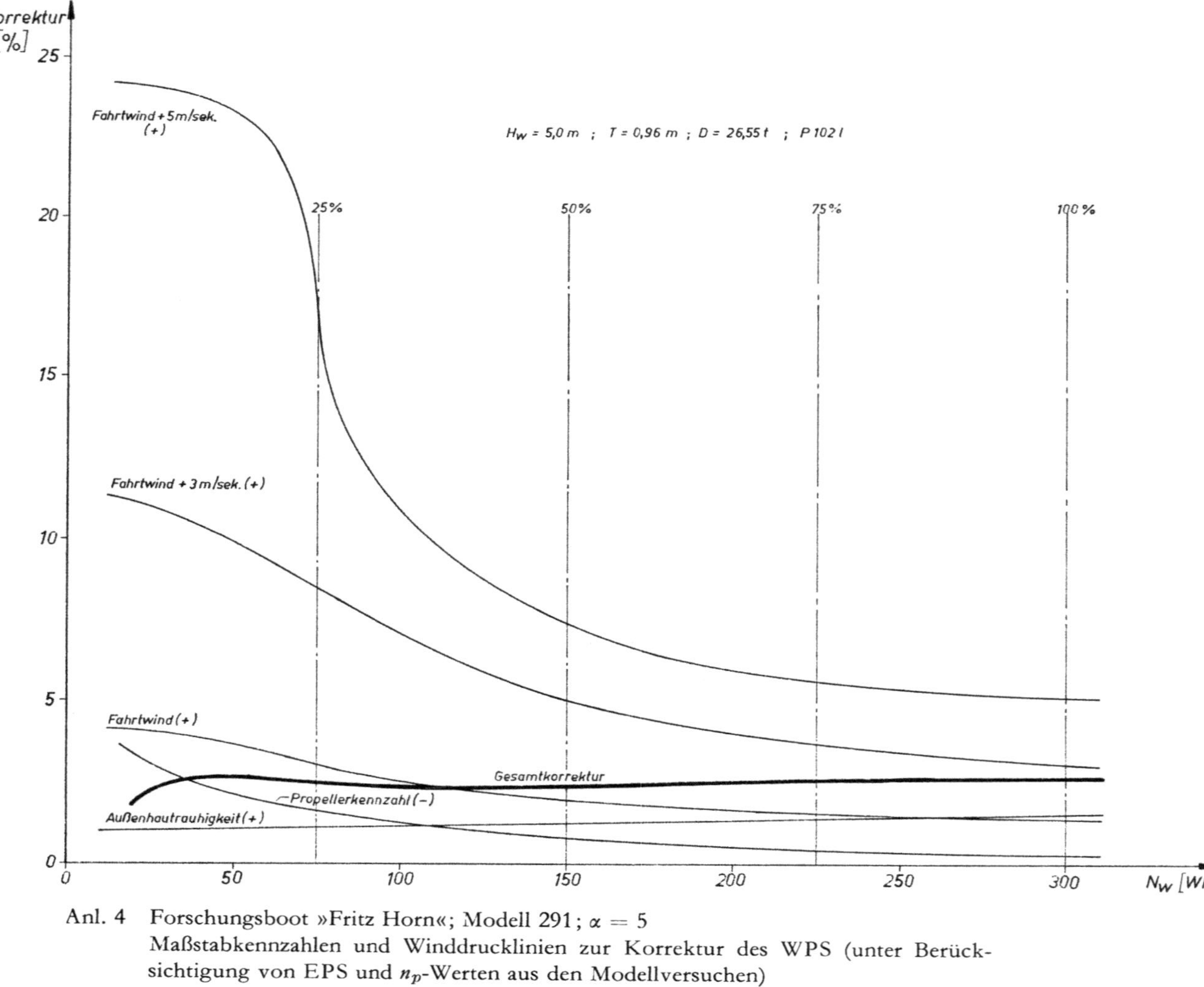

Anl. 4 Forschungsboot »Fritz Horn«; Modell 291; $\alpha = 5$
Maßstabkennzahlen und Winddrucklinien zur Korrektur des WPS (unter Berücksichtigung von EPS und n_p-Werten aus den Modellversuchen)

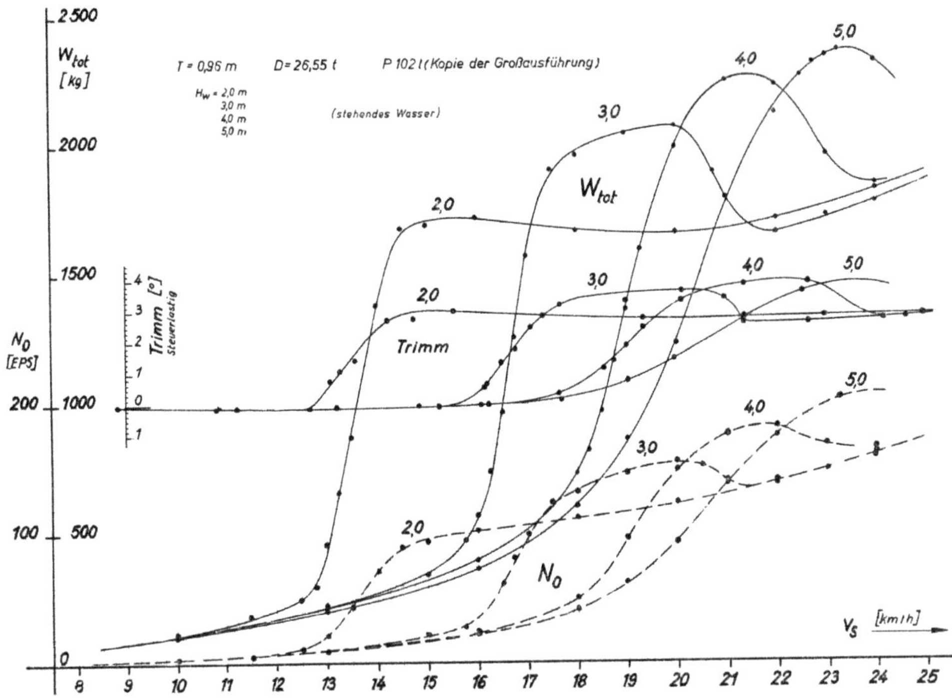

Anl. 5 Forschungsboot »Fritz Horn«; Modell 291; α = 5

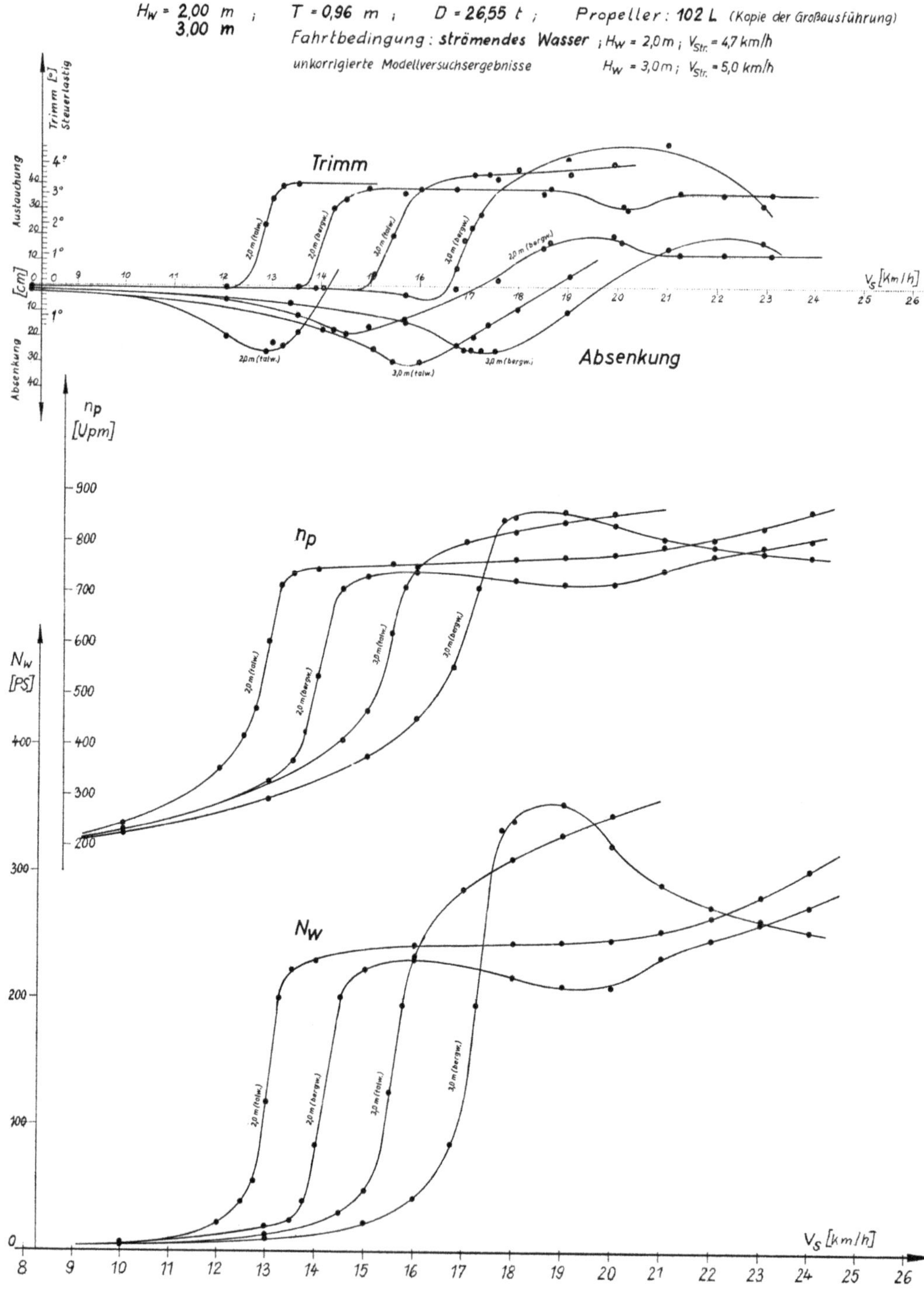

Anl. 6 Forschungsboot »Fritz Horn«; Modell 291; α = 5

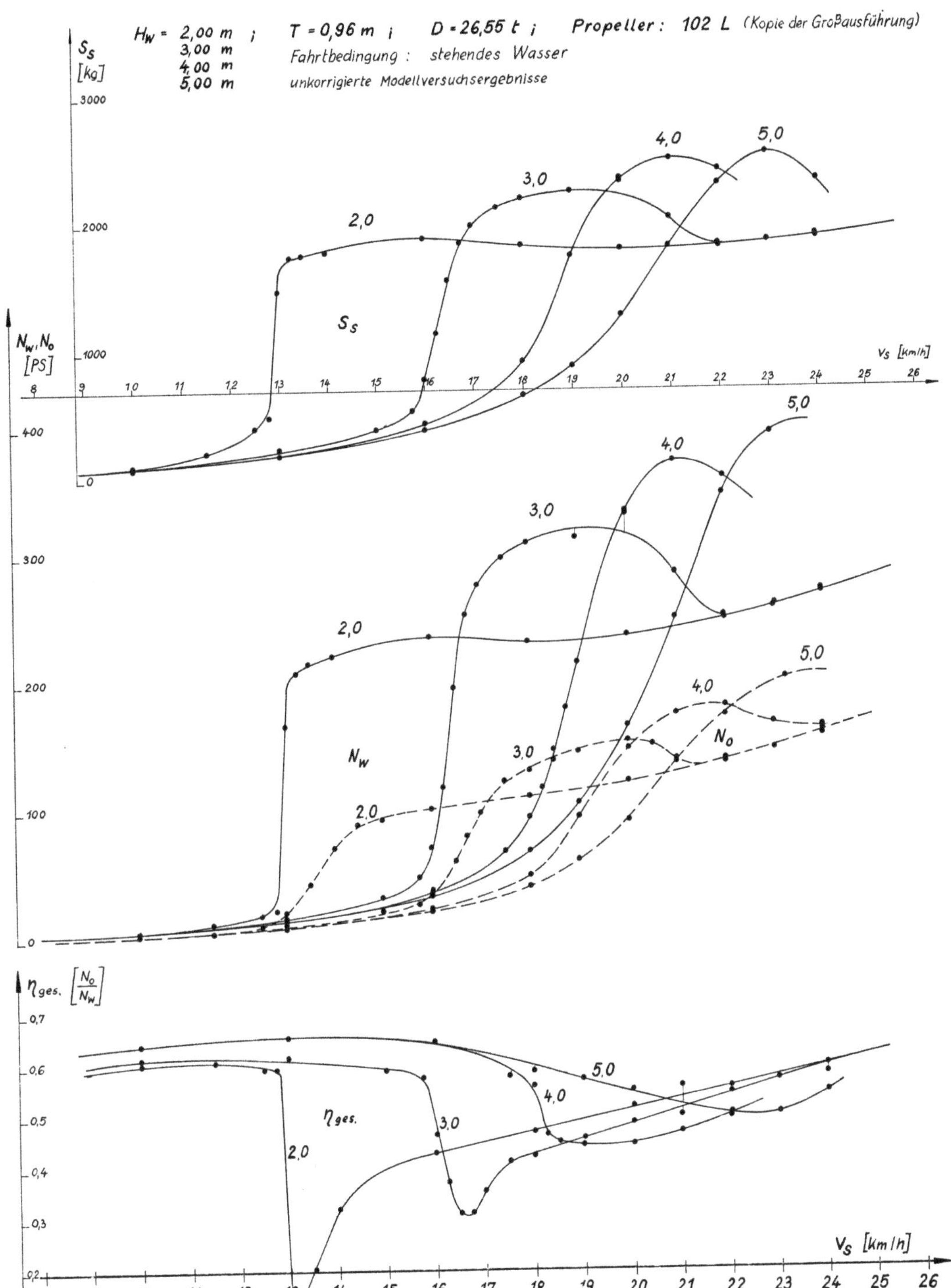

Anl. 7 Forschungsboot »Fritz Horn«; Modell 291; $\alpha = 5$

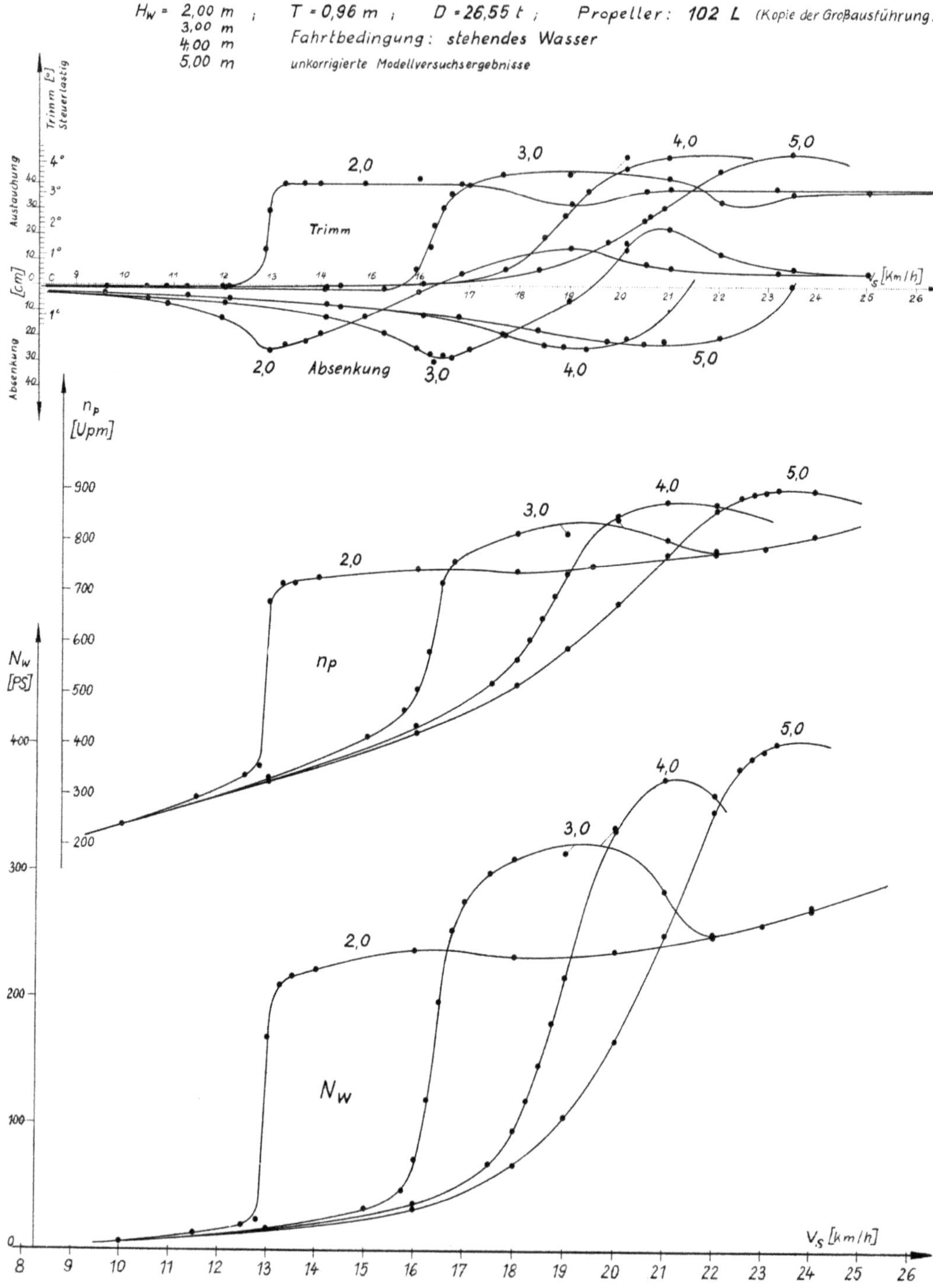

Anl. 8 Forschungsboot »Fritz Horn«; Modell 291; $\alpha = 5$

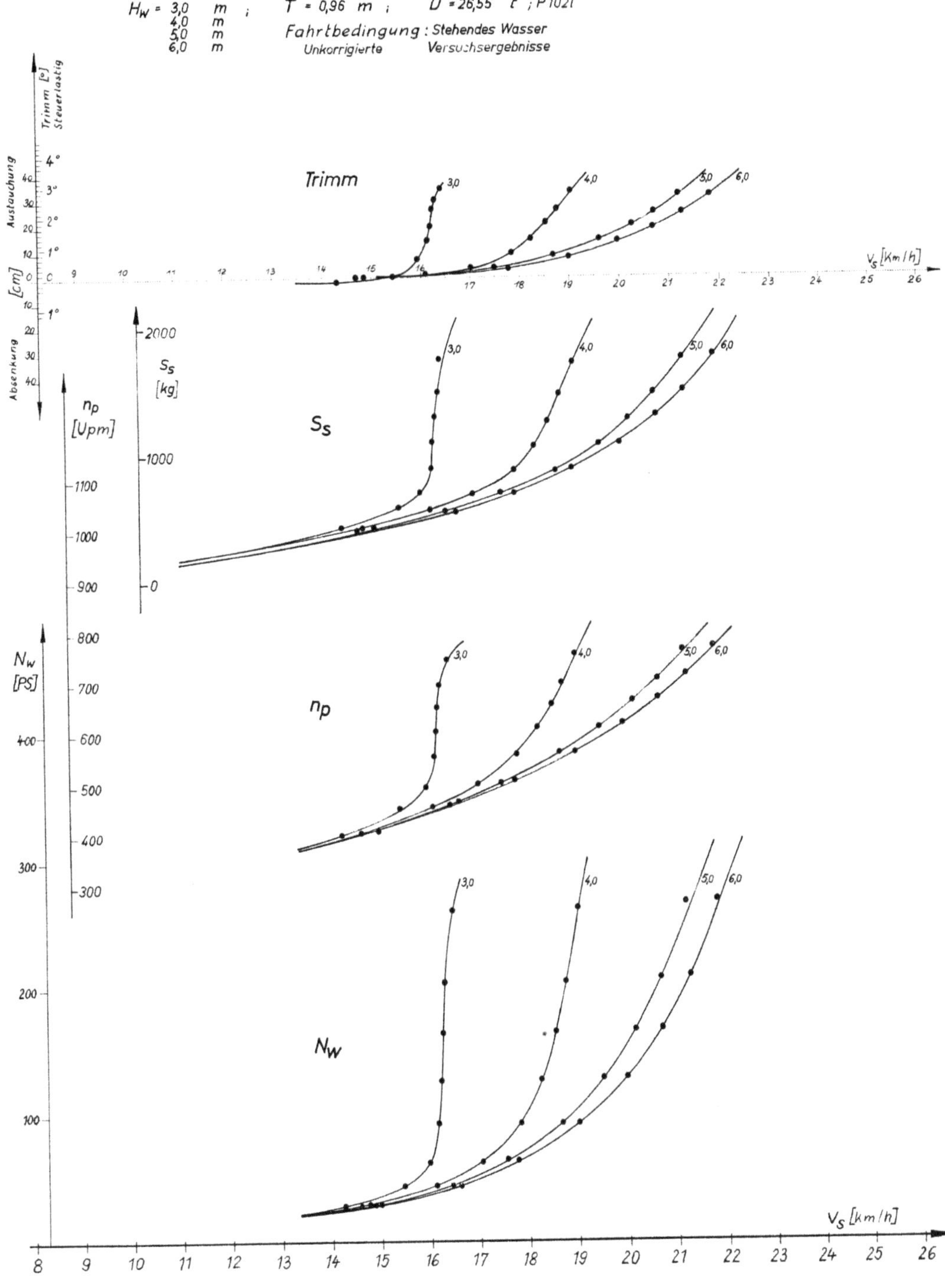

Anl. 9 Forschungsschiff »Fritz Horn«

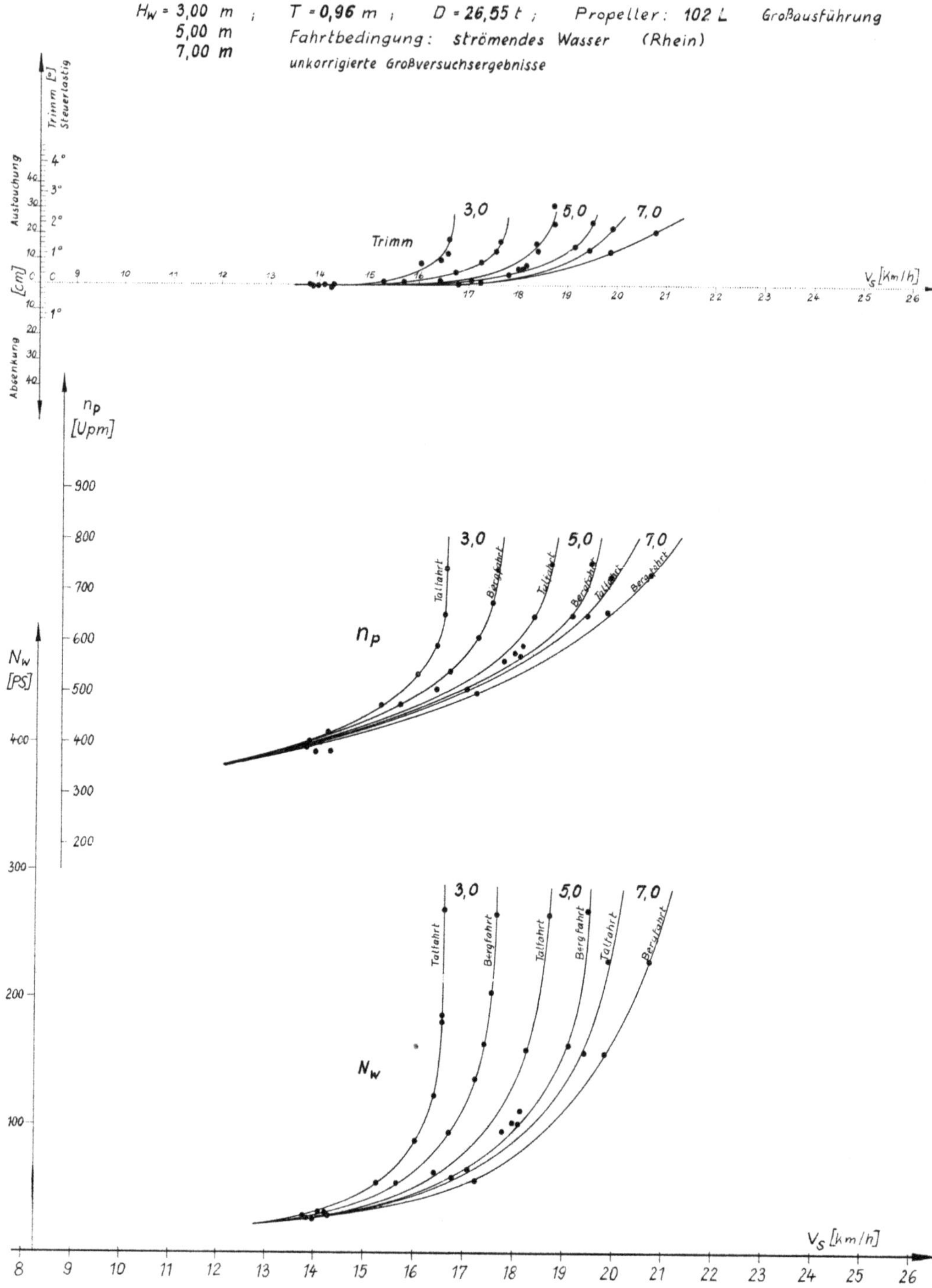

Anl. 10 Forschungsschiff »Fritz Horn«

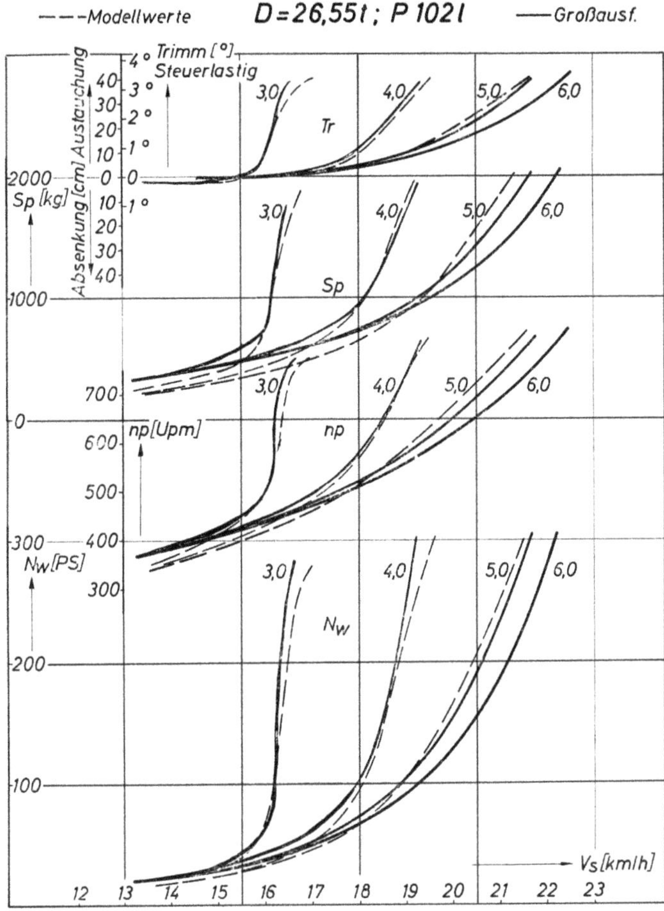

Anl. 11 Forschungsschiff »Fritz Horn«
Der Vergleich zwischen Modell- und Großversuchen* im stehenden Wasser

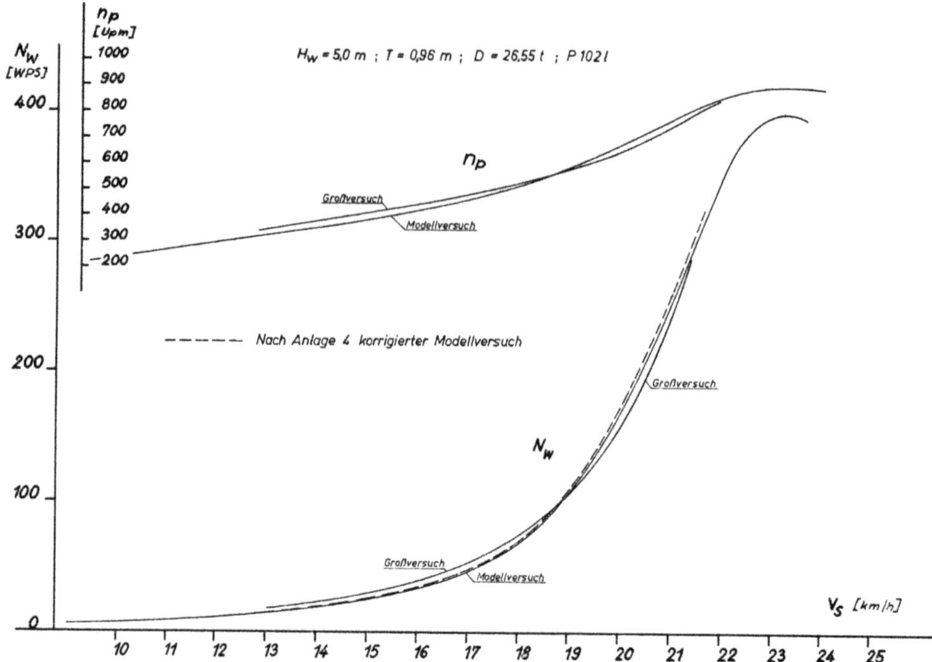

Anl. 12 Forschungsschiff »Fritz Horn«
Gegenüberstellung Modellversuch $\alpha = 5$ zu Großversuch $\alpha = 1$

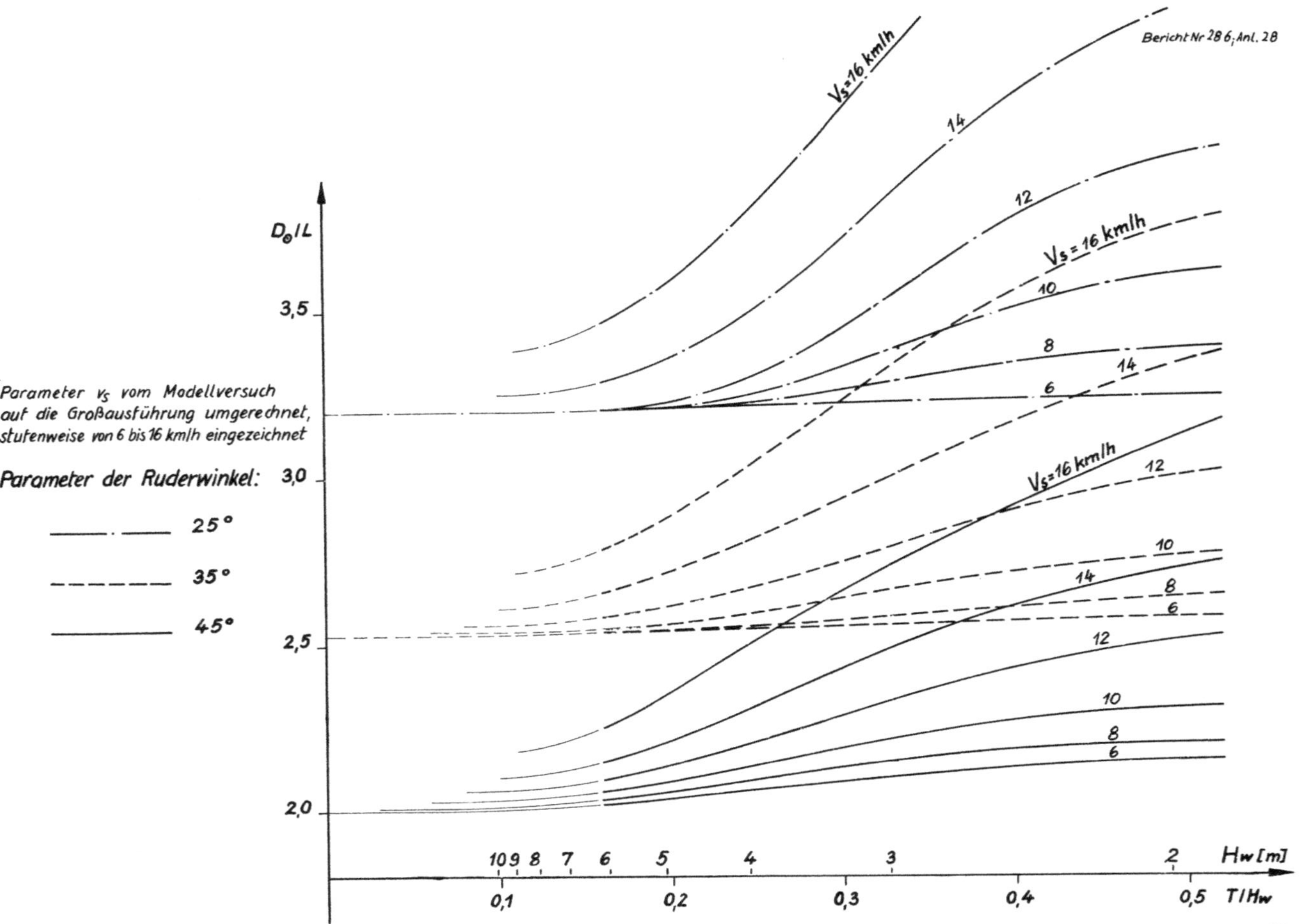

Anl. 13 Zusammenfassende Darstellung der Drehkreisuntersuchungen Drehkreisdurchmesser/Schiffslänge (D_0/L) in Abhängigkeit von der Wassertiefe, (H_w) dem Wassertiefentiefgangsverhältnis (T/H_w) und der Fahrgeschwindigkeit v_S [km/h]

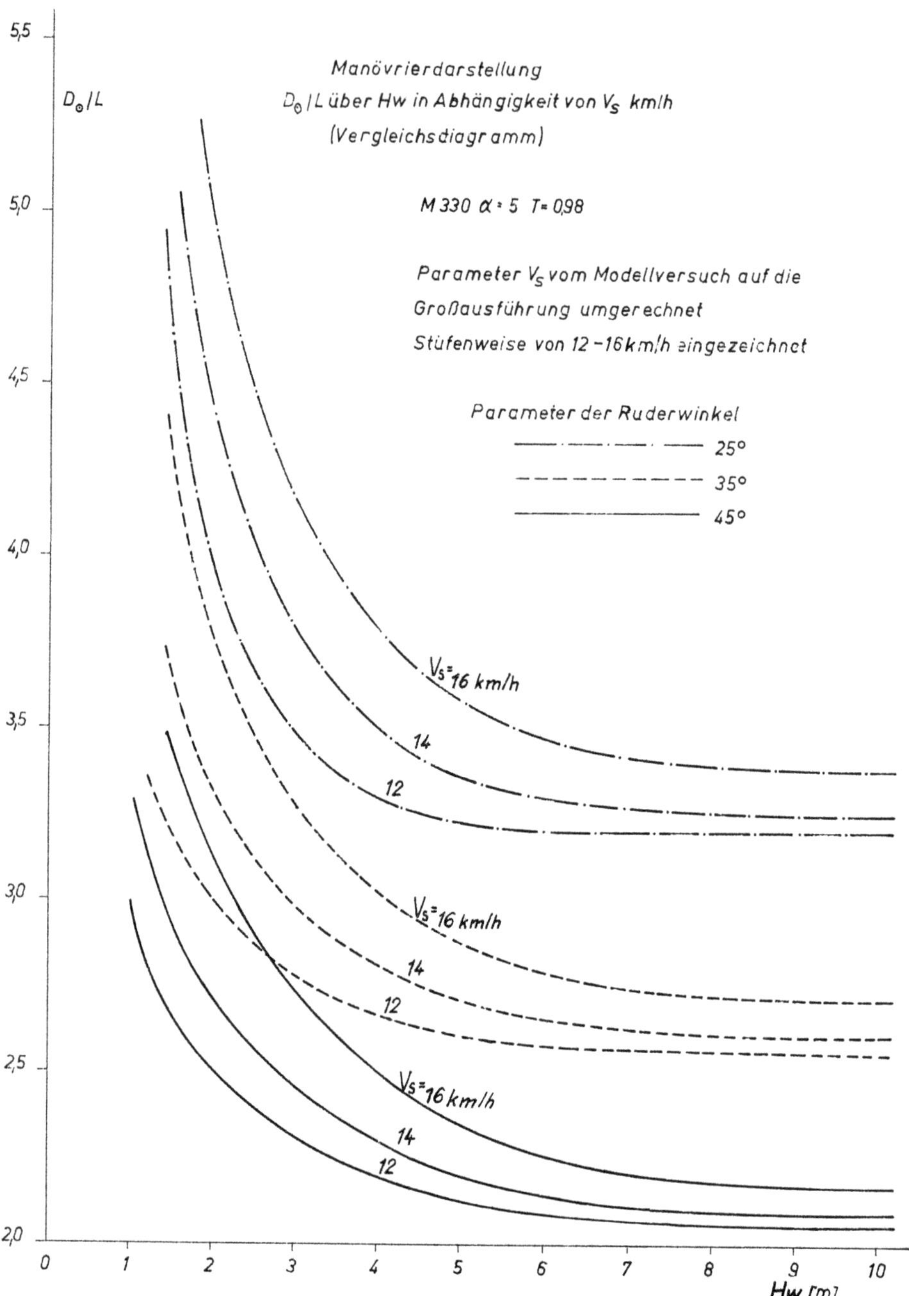

Anl. 14 Zusammenfassende Darstellung der Drehkreisuntersuchungen Drehkreisdurchmesser/Schiffslänge (D_0/L) in Abhängigkeit von Schiffsgeschwindigkeit [km/h] und der Wassertiefe

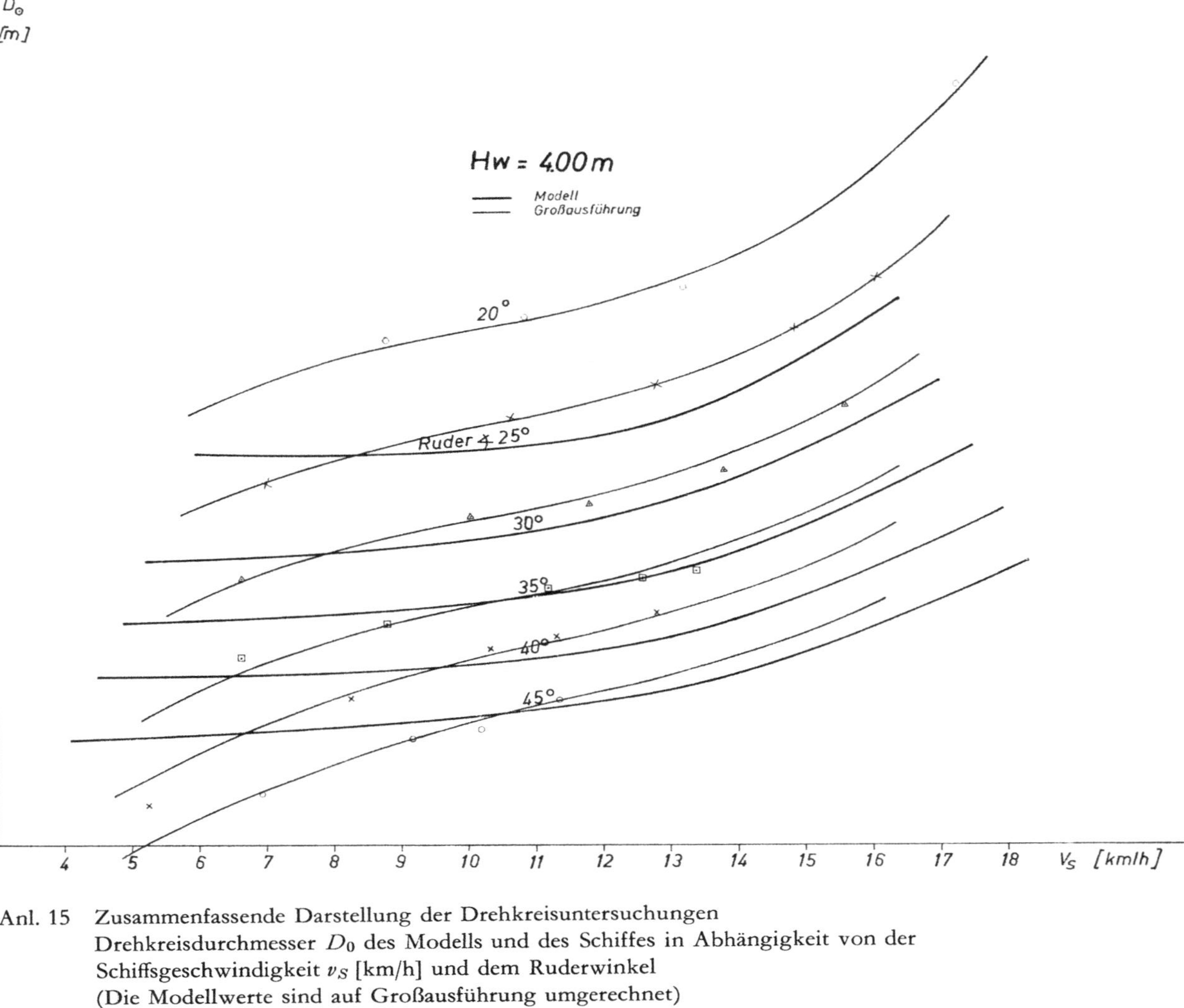

Anl. 15 Zusammenfassende Darstellung der Drehkreisuntersuchungen
Drehkreisdurchmesser D_0 des Modells und des Schiffes in Abhängigkeit von der Schiffsgeschwindigkeit v_S [km/h] und dem Ruderwinkel
(Die Modellwerte sind auf Großausführung umgerechnet)

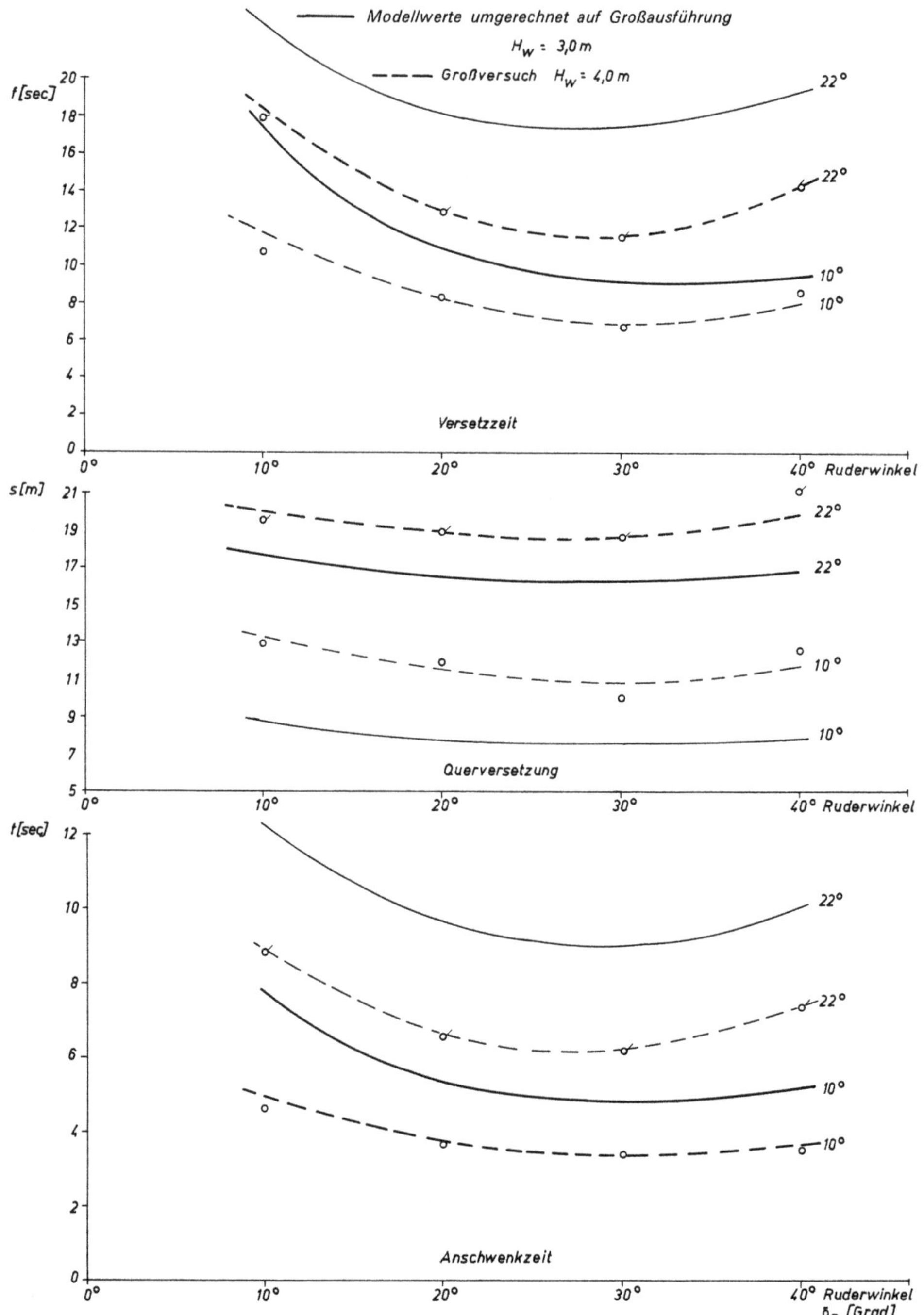

Anl. 16 Schlängelversuche »Fritz Horn«

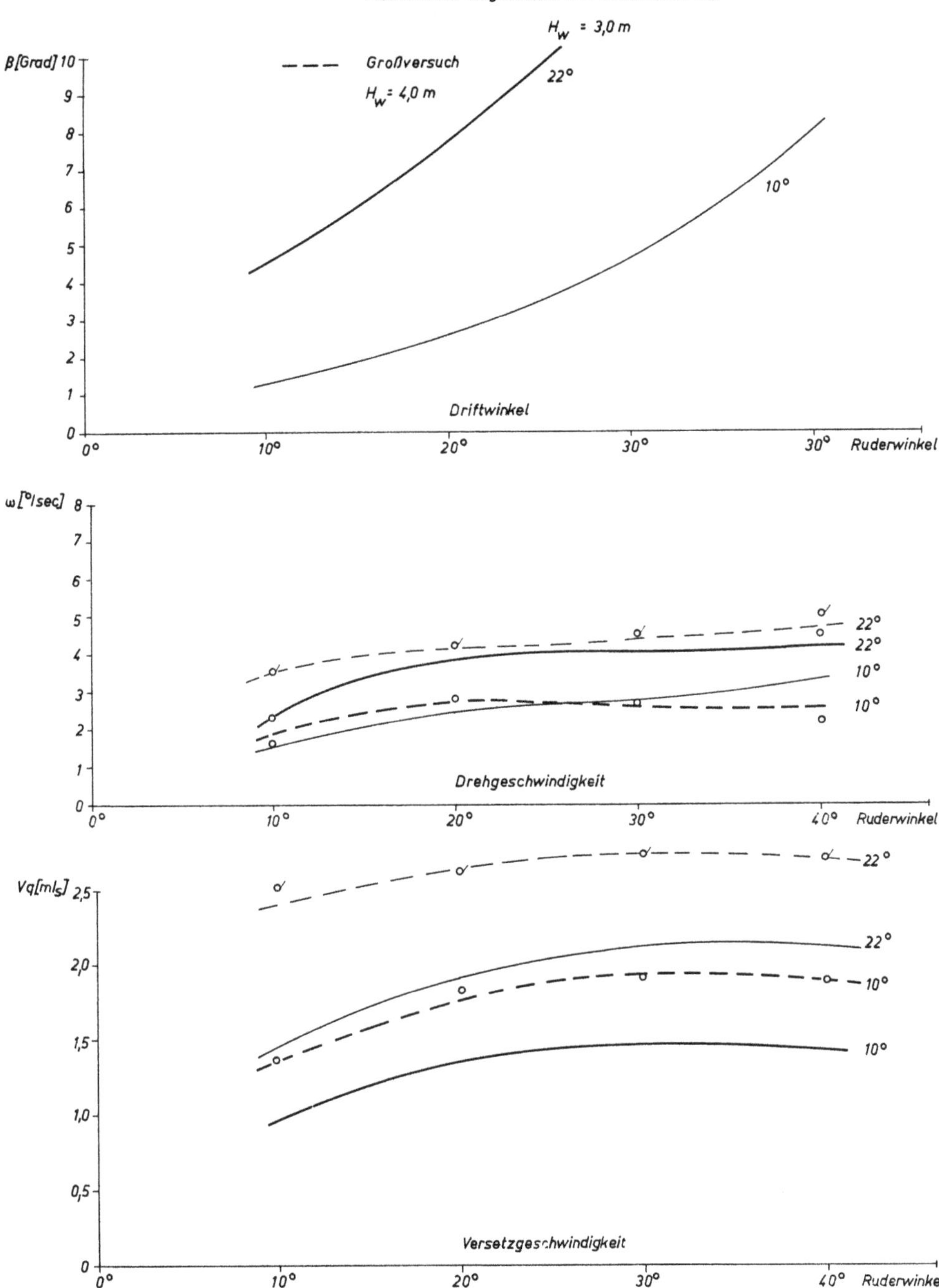

Anl. 17 Schlängelversuche »Fritz Horn«

GPSR Compliance
The European Union's (EU) General Product Safety Regulation (GPSR) is a set of rules that requires consumer products to be safe and our obligations to ensure this.

If you have any concerns about our products, you can contact us on

ProductSafety@springernature.com

In case Publisher is established outside the EU, the EU authorized representative is:

Springer Nature Customer Service Center GmbH
Europaplatz 3
69115 Heidelberg, Germany

www.ingramcontent.com/pod-product-compliance
Ingram Content Group UK Ltd.
Pitfield, Milton Keynes, MK11 3LW, UK
UKHW061659190726
13853UKWH00008B/2302

* 9 7 8 3 6 6 3 0 6 3 2 2 3 *